# Englisch lernen

## Der einfachste Weg um Englisch zu lernen (inklusive: Grundlagen der Grammatik und viele englische Vokabeln)

Adam Winterspoon

ISBN:
9781794053816

# INHALT

# VORWORT

In diesem Buch lernst Du, wie Du die englische Sprache erlernen, beziehungsweise deine Englisch-Skills ohne großen Aufwand deutlich verbessern kannst.

Durch die Tipps in diesem Buch wirst Du nicht nur deine englischen Sprachfähigkeiten erweitern können, sondern auch Deine Fähigkeit Sprachen zu erlernen wird sich verbessern.

Wenn Du Englisch lernen möchtest, ist eine autodidaktische Herangehensweise besonders vielversprechend. Dies bedeutet, dass man sich bestimmtes Wissen durch Lektüren, Bücher, Videos oder ähnlichem aneignet.

Dir ist sicherlich bekannt, dass Englisch die

Weltsprache ist. Also kannst Du Dir alle Informationen, die Du im Internet recherchierst genauso gut auf Englisch besorgen. Darüber hinaus findest Du viele Informationen lediglich in englischer Sprache. Weiterhin sind viele Produktinformationen nur in der englischen Sprache erhältlich und die meisten Lieder (selbst von deutschen Sängern) sind in der englischen Sprache aufgenommen. Außerdem gibt es viele Spiele oder Programme, welche die deutsche Sprache nicht unterstützen, jedoch kannst Du Dir sicher sein, dass diese die englische Sprache unterstützen. Auch wenn Du in den Urlaub fliegst musst Du nicht unbedingt die jeweilige Landessprache beherrschen. Sehr viele Menschen werden der englischen Sprache mächtig sein und somit mit dir konversationsfähig sein.

Dieses Buch wird Dir zeigen, wie Du selbst Englisch

lernen kannst, indem Du verschiedene Lernmethoden in Deinen Alltag einbaust. Außerdem zeigt es Dir die grundlegenden Regeln der Grammatik, die wichtigsten Vokabeln und Redewendungen.
Dieses Buch erhebt nicht den Anspruch, einen kostspieligen Englischkurs zu ersetzen, jedoch wirst Du mit den hier beschriebenen Initiativbeispielen bald genauso in der Lage sein die englische Sprache zu erlernen.

Hast Du Englisch seit Deiner Schulzeit nicht mehr gelernt oder gesprochen?
Hast Du einen Großteil deiner Englischkenntnisse mit der Zeit verloren, benötigst diese jetzt aber für eine Reise oder Deine Arbeit?
Auch in diesem Fall ist dieses Buch bestens für Dich geeignet.

Wie kannst du eigentlich dein Englisch alleine auffrischen?
Das Wichtigste ist die Sprache so oft wie möglich in einem natürlichen und ganz individuellen Kontext zu benutzen.
Du musst Englisch in Dein alltägliches Leben einbinden, auch wenn du nicht in einem englischsprachigen Land wohnst.

Wichtig ist, die Sprache täglich anzuwenden. Dabei solltest Du diese tägliche Anwendung nicht auf kleine Grammatikaufgaben beschränken.

Entscheidend ist die Fremdsprache zu personalisieren und zu naturalisieren. Dafür solltest Du Englisch in Deinem Alltag immer und überall benutzen.

Wenn Du Deine eigenen Gedanken auf Englisch äußerst, mit Personen aus anderen Ländern Email

Korrespondenz führst oder englischsprachige Musik hörst, lässt es sich viel besser lernen, als wenn Du einen bestimmten Text lesen oder andere langweilige Aufgaben machen müsstest. Das soll aber nicht heißen, dass das Lesen von Texten Dir nicht beim Lernen der Sprache hilft.
Du solltest Dich mit der englischen Sprache identifizieren können, um Deine Fähigkeiten am besten zu stärken.

Wie kannst du das genau machen und welche Methoden oder Gewohnheiten solltest Du in Deinen Alltag integrieren, um die englische Sprache am schnellsten und besten zu lernen?
Die Antwort auf diese Frage findest Du im folgenden Kapitel.

Lass uns direkt anfangen!

# 7 WICHTIGE TIPPS FÜR DEINEN WEG ZUM BESSEREN ENGLISCH

## 1. Sprich Englisch so oft wie möglich

Auch wenn du denkst: „Wann soll ich denn bitte Englisch sprechen, ich wohne ja nicht in England!“, kannst Du diese Fremdsprache doch öfter benutzen als Du glaubst.

Mit wem solltest Du Englisch sprechen? Wenn Du Freunde hast, die gut in Englisch sind, sprich sie doch einfach mal auf Englisch an. Die meisten werden Dir auf Englisch antworten. So kannst Du einen Dialog entstehen lassen.

Oder Du fragst sie einfach direkt, ob sie Lust hätten die nächsten Tage mal nur Englisch mit Dir zu sprechen.

Aber glaube bloß nicht, dass Du nur mit anderen Menschen Englisch sprechen kannst.

Du kannst einfach deine spontanen Gedanken laut aussprechen. Das könnte für Dich zunächst ein wenig komisch klingen, jedoch wirst Du Dich schnell daran gewöhnen. Wenn Dir zum Beispiel der Film den Du grade schaust gefällt, sag das doch einfach mal auf Englisch. Wenn Du draußen das Wetter toll findest, sag es doch einfach mal auf Englisch. Wenn Dir ein Kleidungsstück einer Person in Deiner Nähe nicht gefällt, sag es doch einfach mal auf Englisch. Bei letzterem wäre noch zu beachten, dass Du es nicht zu laut sagen solltest und am besten nur in Deinen Gedanken sprichst.

Präge Dir Dein Gesprochenes ein und wiederhole es gegebenenfalls.

Auf diese Art kannst Du auch gut an Deiner

Aussprache arbeiten.
Wenn Du Dir nicht sicher bist, ist es optimal immer nach der richtigen Aussprache des betroffenen Wortes online zu suchen.

Beim einfachen Kommentieren der momentanen Ereignisse, sind Dir keine Grenzen gesetzt.
Keine Angst, Du wirst Dir nicht verrückt erscheinen und wirst Dich sicherlich an der einen oder anderen Stelle hierbei herzhaft amüsieren.

Wenn Du theatralisch bist, kannst Du Dir natürlich auch gut in Deinen Gedanken vorstellen, dass Du mit einem Gesprächspartner diskutierst.
Du musst ihn/sie überzeugen!

Natürlich kannst Du auch so tun, als wärst Du Dein eigener Kommentator.

Hierzu solltest Du einfach Deine Taten und Leistungen bewerten bzw. beschreiben. Das machst Du natürlich in der dritten Person Singular.

z.B. *He is driving through the city in his favourite car but what's that? The traffic light turns red! He can't believe it!*

*Deutsch: Er fährt mit seinem Lieblingsauto durch die Stadt, doch was ist das? Die Ampel ist rot! Er kann es nicht fassen!*

## 2. Suche englischsprachige Leute/Foren

Du kannst einfach im Internet nach anderen „Sprachinteressenten“ suchen. Solche Leute findest Du im Internet zum Beispiel in verschiedenen Foren. Jetzt kannst Du mit ihnen eine online Kommunikation zu bestimmten Themen anfangen. Erzähle zum Beispiel von Deiner Stadt und Deinen Hobbys, frag nach den Sehenswürdigkeiten und Gewohnheiten vom Land des Konversationspartners. Du kannst so auch neue Urlaubsziele entdecken oder Freundschaften schließen.
Auch wenn sicherlich die meisten der Forenmitglieder keine Muttersprachler sind und womöglich einige User ziemlich viele Grammatik und Vokabelfehler machen, ist die Teilnahme an solchen Englischforen eine sehr effiziente Methode, Deine Sprachkenntnisse zu verbessern.

Dadurch wirst Du im echten Leben viel schneller reagieren und improvisieren können, falls Dich jemand auf Englisch anspricht.
Vor allem die Unterhaltung über Deine eigenen

Interessen wird Dir besonders einfach fallen und Dich so motivieren, die englische Sprache weiter zu lernen.
Egal welche Hobbys Du hast, Du wirst zweifellos Menschen mit ähnlichen Interessen finden.

## 3. Lese online

Jeder kauft heutzutage online ein.
Wonach suchst du bei Amazon oder auf den Webseiten der Firmen? Wahrscheinlich Geräte, Bücher, Filme, Kleidungen, Kosmetikprodukte – oder doch etwas anderes?
Egal was Du kaufen möchtest, Du hast nichts zu verlieren, wenn du zuerst etwas über das Produkt liest. Am besten auf Englisch natürlich.
Besonders einfach ist das auf Seiten wie Amazon, welche international und somit nicht nur national Produkte verkaufen.
Die meisten Produkte haben genauso Bewertungen auf Englisch, als auch auf Deutsch.
Hier kannst Du also auch perfekt Englisch lernen, aber pass auf, dass Du nicht in einen Kaufrausch gerätst... abgesehen von neuen Englischkenntnissen natürlich! Du kannst aber auch selbst Bewertungen schreiben.
Dafür kannst Du Dich bei Yelp oder TripAdvisor anmelden.
Hier kannst Du viele Orte, Restaurants, Hotels usw.

bewerten, welche Du bereits gut kennst.
Mach Dir hier aber keine Sorgen - die meisten Menschen lesen lediglich Bewertungen, um im Voraus etwas über den gewünschten Zielort zu erfahren und nicht um Fehler zu suchen.
Deine intelligente und stimmige Meinung wird geschätzt.

## 4. Schaue mindestens einen Film pro Woche

Wie bereits erwähnt, ist Englisch die Weltsprache. Aus selbigem Grunde sind die meisten Filme in ihrer Originalversion auf Englisch. Da die meisten Deutschen keine Lust haben die Filme mit Untertitel zu schauen, werden diese dann auf Deutsch übersetzt. Es gibt also so gut wie jeden Film, welchen Du auf Deutsch schauen kannst, auch auf Englisch.

Wenn Du also alle Filme in deutscher Sprache ansiehst, verpasst Du die Chance, während des Filmschauens Deine Sprachkenntnisse aufzubessern.

Wenn Du einen Film auf Englisch schaust, lernst Du sehr viele Vokabeln und das freie Sprechen wird Dir nach einer gewissen Zeit einfacher fallen.
Du wirst durch das Erleben von gewissen Handlungen und Geschichten auf Englisch, mehr

mentale Assoziationen zur Verfügung haben.

Diese Assoziationen werden Dir helfen, neue Wörter in bestimmten Zusammenhängen einfacher zu verstehen.

Wenn Du die Sprache Englisch noch nicht lange lernst, solltest Du bei den Filmen unbedingt den deutschen Untertitel aktivieren. Denn sonst könntest Du den Film auch auf Chinesisch o.ä. schauen, der Lerneffekt wäre derselbe. Durch den Untertitel hast Du bei Verständnisproblemen immer eine sofortige Hilfestellung parat.

So kannst Du Deinen Wortschatz erweitern und ein Gefühl für die englische Sprache entwickeln. Außerdem wirst Du bei dieser Methode automatisch einiges über die Aussprache der einzelnen Wörter erfahren, welche im Englischen eine große Rolle spielt.

Falls Du Dich schon länger mit der englischen Sprache befasst, solltest Du die Filme am besten ohne Untertitel schauen. Hierbei ist es nicht wichtig, dass Du jedes Wort verstehst, sondern lediglich die Zusammenhänge.

Neben den ganzen Spielfilmen und Actionfilmen kannst Du natürlich auch kürzere Videos wie z.B. Dokumentationen oder andere Lehrvideos schauen. Dies solltest Du am besten jeden bzw. jeden zweiten Tag machen. Verwende hierbei Themen, welche Dich interessieren. So wird es Dir nicht allzu schwer fallen und außerdem wirst Du Deine Motivation nicht verlieren.

## 5. Finde ein Podcast Programm

Auch wenn sich Filme sehr gut zum Sprachenlernen eignen um neue Worte sinnvoll zu lernen, benötigst Du dafür immer Freizeit.

Um dieses Problem zu umgehen, empfehlen sich Podcasts. Ein Podcast ist eine Serie von Mediendateien (meistens Audio), welche von bestimmten Themen handelt.
Der Vorteil der Podcasts ist die Tatsache, dass Du diese auf dem Weg zur Arbeit oder zum Einkaufen, einfach im Auto hören kannst.
Durch das Hören dieser Mediendateien verbessert sich deine Hörverstehkompetenz, außerdem können diese Podcasts ziemlich informativ sein. Firmen wie BBC bieten professionelle Podcasts an, welche Du Dir in MP3 Format herunterladen kannst. Natürlich

## 6. Lies die Nachrichten auf Englisch

Eine weitere, sehr gute Variante um Englisch zu lernen, ist das Lesen von Nachrichten und aktuellen Ereignissen. Solche Beiträge findest Du zum Beispiel bei BBC, NPR oder Euronews. Die Beiträge dieser Anbieter sind nicht allzu schwer zu verstehen und eignen sich somit perfekt für Englischanfänger. Wenn Du schon länger Englisch lernst, kannst Du Dir auch anspruchsvollere Beiträge von Anbietern wie zum Beispiel „The Guardian, New York Times, Washington Post, Business Insider, Huffington Post, The New Yorker" usw. ansehen. Solche Beiträge sind sehr informativ und lehren Dir somit nicht nur die englische Sprache, sondern noch vieles mehr. Wenn Du lieber einen Dir bekannten Anbieter benutzen möchtest, kannst Du einfach SPIEGEL International verwenden.

Setze Dich einfach in einer freien Stunde an Deinen PC und rufe eine der genannten Seiten auf. Schau Dir diese ganz in Ruhe durch. Falls Dich etwas interessiert klicke drauf und lese den Artikel. Auch hier ist es nicht schlimm, wenn Du nicht jedes Wort verstehst. Falls Du jedoch nahezu gar nichts verstehst, suche im Internet nach der Bedeutung einiger Schlüsselwörter. Auch das Lesen der lediglich interessantesten Artikel verhindert, dass Du das Interesse am Lernen verlierst.

Wenn Du lieber schaust statt liest, kannst Du natürlich auch Nachrichten auf YouTube oder anderen Plattformen schauen. BBC ist zum Beispiel auch auf YouTube unter dem Kanalnamen „BBC News“ vertreten. Bei diesen Videos musst Du zwar meistens auch lesen, jedoch liegt der Schwerpunkt im Video und nicht im Text.

## 7. Musik hören

Auch über das Hören von Musik lässt sich die englische Sprache gut lernen. Die meisten Sänger von bekannten Liedern sind englische Muttersprachler und verfassen natürlich ihre Texte auf Englisch. Jedoch schreiben auch viele deutsche Sänger ihre Texte in englischer Sprache. Das machen sie vermutlich, weil Englisch die Weltsprache ist und der englische Markt um ein Vielfaches größer ist.

Sicherlich kennst Du einen oder mehrere Sänger, die englische Texte verfassen und deren Musik Dir gefällt.
Egal ob Dir Madonna, Britney Spears, Pink oder Ariana Grande gefällt, mit all diesen Texten kannst Du sehr gut lernen.

Zuerst hörst Du Dir ein Lied Deiner Wahl mehrmals an und versuchst dabei den Text zu verstehen. Am besten machst Du Dir dazu Notizen um nichts zu vergessen.

Nun schaust Du Dir Deine Notizen an:

Worum geht es?
Welche Gefühle werden ausgedrückt?
Wie sind Stimmung und Atmosphäre?

Falls Dir das zu schwer ist und Du nahezu nichts verstanden hast, solltest Du nach einer Version des Liedes mit Lyrics suchen. Das Mitlesen des Textes kann Dir das Verständnis stark erleichtern. Denn oft werden von den Sängern Silben verschluckt oder Wörter undeutlich ausgesprochen. Wenn Dir der Gesang generell zu schnell ist und Du nicht mitkommst, kannst Du Dir auch den Songtext im

Internet heraussuchen. Dies kannst Du ganz einfach über Suchmaschinen wie Google, indem Du den Titel des Songs und dahinter „Songtext“ in die Suchleiste eingibst. Hierbei hast Du den Vorteil, dass Du den Songtext in kompletter Form vor Dir hast und nicht immer nur kleine Ausschnitte. Außerdem kannst Du die Lesegeschwindigkeit an Deine persönlichen Fähigkeiten anpassen und kannst somit am meisten verstehen.

Nach mehrmaligem Lesen des Textes, kannst Du ihn nun in die deutsche Sprache übersetzen. Wenn Du etwas nicht verstehst, kannst Du im Internet nach der Übersetzung suchen. Jedoch ist auch hier nicht wichtig, dass Du jedes einzelne Wort verstehst, sondern lediglich grob den Sinn des Textes. Wenn Du mit Deiner Übersetzung fertig bist, kannst Du nun nach dem Songtext auf Deutsch suchen. Falls die

Übersetzung aus dem Internet mit Deiner im Groben übereinstimmt, war das doch schon Mal ein riesen Erfolg. Du solltest jedoch bei Deiner Songauswahl etwas kritisch sein. Am besten nimmst Du ein sehr bekanntes Lied, denn es gibt natürlich nicht von jedem Lied eine deutsche Übersetzung.

Selbstverständlich könntest Du hierfür auch Gedichte oder längere Texte verwenden, jedoch ist das Analysieren von Liedern oft einfacher und reizvoller.

Musik berührt uns oft auf emotionaler Ebene, so fällt es uns leichter mit dem Liedtext zu arbeiten. Außerdem unterstützt uns die Melodie dabei, den Text zu verstehen und ihn dann zu übersetzen. Auch wenn Du den Text eines Liedes auswendig kannst, weil Du es schon so oft gehört hast, können Dich diese vielen Vokabeln in Deinem Englisch

voran bringen.
Mit Musik kann jedermann sein Englisch auf angenehmste Weise aufbessern. Wer hat denn heutzutage kein Radio, keinen Computer, kein Handy oder keinen MP-3 Player zuhause.
Da jeder Mensch einen anderen Rede- bzw. Schreibstil hat, sollten nicht alle Lieder Deiner Playlist von demselben Sänger sein. Deine Playlist sollte aus Liedern von vielen verschiedenen Sängern und Sängerinnen bestehen. So hast Du eine große Vielfalt aus den verschiedenen sprachlichen Perspektiven.

# WIE DU JEDEN TIPP ERWEITERN KANNST

Es ist immer empfehlenswert, viele Sprachfähigkeiten auf einmal zu erlernen.

Lehrer zum Beispiel benutzen Methoden, welche auf Dein Hörverständnis, Deine Lesefähigkeit, Deine Sprachfähigkeit und Deinen Schreibstil wirken.

Das Beste dabei ist, dass man in diesem Fall als Schüler gar nicht mitbekommt wie viele Sinne die Aufgaben ansprechen.

Um zum Beispiel Deine Sprachfähigkeit zu verbessern, musst Du die Konversationsbereitschaft, die Aussprache, die Flüssigkeit deiner Ausdrücke, die grammatikalische Korrektheit, das Hörverstehen und vieles mehr beachten.

Das Sprachenlernen ist eine ausgeklügelte Tapisserie!

Wichtig ist es, alle neu gelernten Wörter aufzuschreiben. Dafür benötigst Du lediglich ein kleines Heft/Notizbuch und einen Kugelschreiber. Alternativ kannst Du natürlich auch Dein Handy benutzen, falls Du unterwegs bist.
Man lernt viel besser, wenn man Sachen regelmäßig wiederholt.
Daher solltest Du so oft wie möglich ein neues Wort in dein Unterbewusstsein einprägen. Lies Dir dazu am besten täglich Dein Notizbuch durch.

Nachdem Du ein neues Wort das erste Mal liest (z.B. in einem Zeitungsartikel), suche zuerst, am besten im Internet, nach der richtigen Aussprache des Wortes. Nun notierst Du Dir das Wort in Dein Heft und schreibst außerdem dazu wie man dieses ausspricht. Denn es bringt keinem etwas eine Sprache zu beherrschen, jedoch dabei andere nicht verstehen zu können und von anderen nicht verstanden zu werden. Wenn man nicht genau weiß, wie man eine Sprache ausspricht, kreiert man unwissend eine neue.

Schreibe zu jedem neuen Wort eine kurze Definition oder eine Übersetzung.
Um dein Gedächtnis zu verstärken, lies die Wörter in deinem Vokabelheft so oft wie möglich und versuche dabei Sätze zu bilden, in denen Du die neuen Wörter einbaust.

Wie schon angedeutet, solltest Du gleichzeitig mehrere Dimensionen der Sprache trainieren.
Wenn Du etwas sagst, schreibst oder liest, dann tue es laut, damit Du auch Deine Aussprache und Deinen Sprachfluss verbesserst.
Je mehr Texte Du laut liest, desto schneller und leichter wirst Du alleine und unabhängig von Material die Sprache benutzen können.

# GRAMMATIK

## 1. Sätze bilden

Einfache englische Sätze werden immer in der Reihenfolge: „Subjekt, Verb, Objekt“ gebildet.

Zum Beispiel: *„I play football.“*

Auf Deutsch: „Ich spiele Fußball.“

In diesem Fall ist „I“ das Subjekt, „play“ das Verb und „football“ das Objekt.

Diese Reihenfolge kann im Englischen nicht verändert werden.

Beispiel: *„I like cars.“*

Deutsch: „Ich mag Autos.“

Beispiel: „*I eat Pizza.*“

Deutsch: „Ich esse Pizza.“

Beispiel: „*I love Max.*“

Deutsch: „Ich liebe Max.“

Beispiel: „*I speak english.*“

Deutsch: „Ich spreche englisch.“

## 2. Fragen bilden

Die einfachsten Fragen sind wohl die, auf welche man mit „Ja“ oder „Nein“ antworten kann. Also die Entscheidungsfragen. Bei diesen Fragen sind wie im Deutschen Subjekt und Verb im Vergleich zum Satz vertauscht.

Beispiel: *„Are you from Poland?“*

Deutsch: „Bist du aus Polen?“

Beispiel: *„Do you like chocolate?“*

Deutsch: „Magst du Schokolade?“

Beispiel: *„Are you invited to the party?“*

Deutsch: „Bist du zur Party eingeladen?“

Beispiel: „*Do you have a car?*“

Deutsch: „Hast du ein Auto?“

Neben den einfachen Entscheidungsfragen gibt es unter anderem noch Fragen mit Fragewörtern und einer Form von to be.

Beispiel: „*Where are you from?*“

Deutsch: „Wo kommst du her?“

Antwort: „*I am from germany.*“

Deutsch: „Ich komme aus Deutschland.“

Beispiel: *„What is your name?"*

Deutsch: „Wie ist dein Name?"

Antwort: *„My name is Max."*

Deutsch: „Mein Name ist Max."

Beispiel: *„How are Max and Lea?"*

Deutsch: „Wie geht es Max und Lea?"

Antwort: *„They are fine."*

Deutsch: „Es geht ihnen gut."

### 3. Personalpronomen

Natürlich gibt es neben dem Personalpronomen „I“ noch einige andere. Diese sind sehr wichtig, wenn Du Dich ausdrücken willst.

Hier alle Personalpronomen aufgeführt:

- 1.Person Singular *ich*: **I**
- 2.Person Singular *du*: **you**
- 3.Person Singular *er*: **he**
- 3.Person Singular *sie*: **she**
- 3.Person Singular *es*: **it**
- 1.Person Plural *wir*: **we**
- 2.Person Plural *ihr*: **you**
- 3.Person Plural *sie*: **they**

Dabei ist zu beachten:

- Das Personalpronomen „I“ wird immer groß geschrieben
- Bei den Personalpronomen der 3. Person Singular (he, she, it) wird in der Regel immer ein „s“ an das Verb gehängt (He, she, it, das „s“ muss mit!)

Beispiel: *„He plays football.“*

Deutsch: „Er spielt Fußball.“

Beispiel: *„She speaks english.“*

Deutsch: „Sie spricht englisch.“

## 4. To be

Das Verb „to be“ ist eines der wichtigsten Verben in der englischen Sprache. Im deutschen bedeutet es so viel wie „sein“.

Singular:

- Ich **bin**
- Du **bist**

- Er, Sie, Es **ist**

Plural:

- Wir **sind**
- Ihr **seid**

- Sie **sind**

Was im deutschen so ausgedrückt wird, sieht im englischen wie folgt aus.

Singular:

- I am
- You are
- He, She, It is

Plural:

- We are
- You are
- They are

## 5. Das Hilfsverb „can“

Das Hilfsverb „can“ bedeutet auf Deutsch „können“.

Da es lediglich ein Hilfsverb ist, benötigt es immer ein Vollverb.

Beispiel: *„I can play football.“*

Deutsch: „Ich kann Fußball spielen.“

Beispiel: *„I can play basketball.“*

Deutsch: „Ich kann Basketball spielen.“

Im Gegensatz zum Deutschen, darf in der englischen Sprache das Hilfsverb nicht von dem Vollverb getrennt werden. Also steht, wie in diesem Beispiel, das „can play“ immer zusammen. Grund dafür ist, dass man die Reihenfolge (Subjekt-Verb-Objekt) nicht ändern darf.

## 6. Aktiv und Passiv

Wie im Deutschen gibt es auch im Englischen aktive und passive Sätze. Im Folgenden findest du Beispiele für die Verwendung des Passivs in den wichtigsten Zeitformen.

Beispiel: *„I drive."*

Deutsch: „Ich fahre."

Simple Present:

Aktiv: *„I drive."*

Passiv: „I am driven."

Simple Past:

Aktiv: *„I drove."*

Passiv: „I was driven."

Present Perfect:

Aktiv: *„I have driven.“*

Passiv: „I have been driven.“

Past Perfect:

Aktiv: *„I had driven.“*

Passiv: „I had been driven.“

Present Progressive:

Aktiv: *„I am driving.“*

Passiv: „I am being driven.“

## 7. Indirekte Rede

Im Normalfall ist die indirekte Rede die Vergangenheitsform der direkten Rede.

Simple Present:

Direkt: *„I often drink beer", he said.*

Simple Past:

Indirekt: He said that he often drank beer.

Present Progressive:

Direkt: *„I am walking to school", she said.*

Past Progressive:

Indirekt: She said that she was walking to school.

Simple Past:

Direkt: *„Alex arrived on Monday", she told me.*

Past Perfect:

Indirekt: She told me that Alex had arrived on Monday.

Present Perfect:

Direkt: *„I have eaten a pizza", she explained.*

Past Perfect:

Indirekt: She explained that she had eaten a pizza.

Future I:

Direkt: *„I will be in London", she said.*

Future II:

Indirekt: She said that she would be in London.

## 8. Groß- und Kleinschreibung

Im Englischen schreibt man im Normalfall am Satzanfang groß, den Rest des Satzes klein.

Ausnahmen sind Eigennamen, Markennamen und Firmennamen.

Folgende Wörter würde man also groß schreiben:

- Lisa
- Peter
- Amazon
- Google

## 9. Konjunktionen

| | |
|---|---|
| but | → aber |
| after | → nachdem |
| before | → bevor |
| as soon as | → sobald |
| as long as | → solange |
| because | → weil |
| if | → falls |
| however | → jedoch |
| or | → oder |
| so | → also |
| since | → seit(dem) |
| when | → als, wenn |
| while | → während |

## 10. Artikel

Im Englischen gibt es anders als im Deutschen nur einen bestimmten Artikel. Die deutschen bestimmten Artikel „der, die und das" werden im Englischen einfach durch „the" ersetzt.

Beispiel:

the car

the island

Der unbestimmte Artikel lautet im Englischen „a". Wenn jedoch das Folgewort des unbestimmten Artikels mit einem Vokal (a, e, i, o, u) anfängt, lautet der Artikel „an". Dadurch lässt sich der Satz einfacher Aussprechen.

Beispiel:

a car

an island

## 11. Aufgaben Sätze bilden

Which one is the correct sentence?

1.

a) My name is Robin.

b) Is my name Robin.

2.

a) I am from germany.

b) I am from Germany.

3.

a) I am my car driving.

b) I am driving my car.

4.

a) Welcome to Berlin.

b) Welcome in Berlin.

The correct sentences:

1.

a) My name is Robin.

2.

b) I am from Germany.

3.

b) I am driving my car.

4.

a) Welcome to Berlin.

## 12. Aufgaben Aktiv und Passiv

Bestimme die korrekte Passivform des aktiven Beispielsatzes.

Simple Present:

Aktiv: *„I drive.“*

a) Passiv: „I am driven.“

b) Passiv: „I was driven.“

Simple Past:

Aktiv: *„I drove.“*

a) Passiv: „I am being driven.“

b) Passiv: „I was driven.“

Past Perfect:

Aktiv: *„I had driven.“*

a) Passiv: „I had been driven.“

b) Passiv: „I have been driven.“

Hier findest du die korrekten Passivformen:

Simple Present:

Aktiv: „*I drive.*“

a) Passiv: „I am driven.“

Simple Past:

Aktiv: „*I drove.*“

b) Passiv: „I was driven.“

Past Perfect:

Aktiv: „*I had driven.*“

a) Passiv: „I had been driven.“

## 13. Aufgaben Konjunktionen

Which one is the correct sentence?

1.

a) He eats pizza, but he doesn't like vegetables.

b) He eats pizza, after he doesn't like vegetables.

2.

a) She goes to the football club because she likes to play soccer.

b) She goes to the football club when she likes to play soccer.

3.

a) Do you like pizza if pasta?

b) Do you like pizza or pasta?

4.

a) I don't know what to do.

b) I don't know or to do.

The correct sentences:

1.

a) He eats pizza, but he doesn't like vegetables.

2.

a) She goes to the football club because she likes to play soccer.

3.

b) Do you like pizza or pasta?

4.

a) I don't know what to do.

## 14. Aufgaben Artikel

Which one is the correct article?

1.

a) a ball

b) an ball

2.

a) a argument

b) an argument

3.

a) a car

b) an car

4.

a) a egg

b) an egg

The correct articles:

1.

a) a ball

2.

b) an argument

3.

a) a car

4.

b) an egg

# DIE ZEITFORMEN (VERGANGENHEIT)

## 1. Simple Past

Das Simple Past wird bei abgeschlossenen Handlungen, welche in der Vergangenheit liegen, verwendet.

Hier wird an regelmäßige Verben ein „–ed“ gehängt.

Präsens: *„I play football.“*

Simple Past: *„I played football.“*

**Bejahte Sätze:**

Beispiel: *„I cleaned my car.“*

Beispiel: *„He visited Max.“*

Beispiel: *„She walked to school.“*

**Bei verneinten Sätzen und Fragen verwendet man „did“:**

Beispiel: *„I did not clean my car.“*

Beispiel: *„He did not visit Max.“*

Beispiel: *„Did I walk to school?“*

Beispiel: *„Did he eat the pizza? “*

**Signalwörter:**

- yesterday
- last week
- a month ago
- in 2017

## 2. Past Progressive

Das Past Progressive beschreibt den Ablauf einer Handlung, welche in der Vergangenheit liegt.

Hier verwendet man die Vergangenheitsform von „to be“ und hängt an das Verb ein „-ing“.

Präsens: *„I play football.“*

Past Progressive: *„I was playing football.“*

**Weitere Beispiele:**

Beispiel: *„I was cleaning my car.“*

Beispiel: *„He was visiting Max.“*

Beispiel: *„She was walking to school.“*

**Bei Verben mit einem stummen „e“ am Ende fällt dieses weg (aus „come“ wird „coming“):**

Beispiel: *„I was coming home.“*

Beispiel: *„He was coming too late.“*

Beispiel: *„Was I choosing the right one?“*

Beispiel: *„Was he driving too fast? “*

**Signalwörter:**

- while
- as long as
- when

## 3. Simple Past Perfect

Das Simple Past Perfect wird für Handlungen verwendet, welche vor einem bestimmten Zeitpunkt in der Vergangenheit lagen.

Hier wird vor das Verb ein „had" gesetzt und an regelmäßige Verben ein „–ed" gehängt.

Präsens: „*I play football.*"

Simple Past Perfect: „*I had played football.*"

**Weitere Beispiele:**

Beispiel: „*I had cleaned my car.*"

Beispiel: „*He had visited Max.*"

Beispiel: „*She had walked to school.*"

**Fragen im Conditional Perfect Simple:**

Beispiel: *„Would you have loved Anna?“*

Beispiel: *„Would he have walked to school?“*

Beispiel: *„Would she have watched TV?“*

Beispiel: *„Would he have travelled to germany? “*

Im Conditional Perfect Simple gibt es keine konkreten Signalwörter.

## 6. Conditional Perfect Progressive

Das Conditional Perfect Progressive wird verwendet, um die Dauer oder den Verlauf einer nicht mehr eintretenden Handlung auszudrücken.

Hier wird vor das Verb ein „would have been" gesetzt und an das Verb ein „–ing" gehängt.

Präsens: „*I play football.*"

Conditional Perfect Progressive: „*I would have been playing football.*"

**Weitere Beispiele:**

Beispiel: „*I would have been watching TV.*"

Beispiel: „*He would have been driving my own car.*"

Beispiel: „*She would have been saving more money.*"

**Fragen im Conditional Perfect Progressive:**

Beispiel: „*Would I have been waiting for the train?*"

Beispiel: „*Would he have been walking to school?*"

Beispiel: „*Would she have been eating the steak?*"

Beispiel: „*Would we have been meeting Lisa?* "

Auch im Conditional Perfect Progressive gibt es keine konkreten Signalwörter.

# GEGENWART

## 1. Simple Present

Das Simple Present wird für wiederholte Handlungen verwendet, welche immer, jeden Tag, oft, nie oder manchmal auftreten.

Hier wird bei der 3. Person Singular (he, she, it) ein „s“ an das Verb gehängt.

Präsens: „*I play football.*“

Simple Present: „*I play football.*“

**Weitere Beispiele:**

Beispiel: „*He cleans his car.*“

Beispiel: „*He visits his girlfriend.*“

Beispiel: „*She walks to her best friend.*“

**Bei verneinten Sätzen und Fragen verwendet man im Simple Present das Hilfsverb „do“:**

Beispiel: *„I do not play basketball.“*

Beispiel: *„He does not clean his room.“*

Beispiel: *„Do you like London?“*

Beispiel: *„Does she ride motorcycle?“*

**Signalwörter:**

- never
- normally
- usually
- often
- every day

## 2. Present Progressive

Das Present Progressive wird für Handlungen verwendet, welche in dem Moment des Sprechens geschehen.

Hier wird vor das Verb eine Form von „to be" (am, are, is) und an den Infinitiv des Verbes ein „-ing" gehängt.

Präsens: „*I play football.*"

Present Progressive: „*I am playing football.*"

**Weitere Beispiele:**

Beispiel: „*He is cleaning his room.*"

Beispiel: „*He is watching TV.*"

Beispiel: „*She is not drinking a beer.*"

**Fragen im Present Progressive:**

Beispiel: „*Is he buying some food?*"

Beispiel: „*Are you living in Berlin?*"

Beispiel: „*Am I looking well?*"

Beispiel: „*Is she booking the trip?*"

**Signalwörter:**

- at the moment
- now
- right now
- in the morning

## 3. Simple Present Perfect

Das Simple Present Perfect wird für Handlungen verwendet, welche vor kurzem stattgefunden haben und Einfluss auf die Gegenwart haben.

Hier wird vor das Verb ein „have" bzw. „has" gesetzt und an regelmäßige Verben ein „-ed" gehängt.

Präsens: *„I play football."*

Simple Present Perfect: *„I have played football."*

**Weitere Beispiele:**

Beispiel: *„He has cleaned his car."*

Beispiel: *„He has wanted a new phone."*

Beispiel: *„She has not opened the door."*

**Fragen im Simple Present Perfect:**

Beispiel: *„Has he played football?"*

Beispiel: *„Have you jumped into the water?"*

Beispiel: *„Have I performed well?"*

Beispiel: *„Has she cooked the soup?"*

**Signalwörter:**

- already

- not yet

- up to now

- so far

## 4. Present Perfect Progressive

Das Present Perfect Progressive wird für Handlungen verwendet, welche in der Vergangenheit begonnen haben und bis in die Gegenwart andauern.

Hier wird vor das Verb ein „have been" bzw. „has been" gesetzt und an den Infinitiv des Verbes ein „-ing" gehängt.

Präsens: „*I play football.*"

Present Perfect Progressive: „*I have been playing football.*"

**Weitere Beispiele:**

Beispiel: „*He has been driving his bicycle.*"

Beispiel: „*He has been waiting for an hour.*"

Beispiel: „*She has not been doing homework all day.*"

**Fragen im Present Perfect Progressive:**

Beispiel: *„Has he been playing handball?"*

Beispiel: *„Have you been working in Frankfurt?"*

Beispiel: *„Have they been breaking up?"*

Beispiel: *„Has she been feeding the cat?"*

**Signalwörter:**

- all day

- since

- for

- the whole day

## 5. Conditional I Simple

Das Conditional I Simple bezieht sich auf eine mögliche Situation, welche unter einer bestimmten Voraussetzung eintreten kann.

Hier wird das Hilfsverb „would" vor das Verb gesetzt.

Präsens: *„I play football."*

Conditional I Simple: *„I would play football."*

**Weitere Beispiele:**

Beispiel: *„He would buy a new computer."*

Beispiel: *„He would watch the videos."*

Beispiel: *„She would not drink vodka."*

**Fragen im Conditional I Simple:**

Beispiel: „*Would he be very angry?*"

Beispiel: „*Would you like him?*"

Beispiel: „*Would I drink too much?*"

Beispiel: „*Would she leave the room?*"

Im Conditional I Simple gibt es keine konkreten Signalwörter.

## 6. Conditional I Progressive

Das Conditional I Progressive bezieht sich auf den Verlauf oder die Dauer einer möglichen Handlung, welche unter einer bestimmten Voraussetzung eintreten kann.

Hier wird vor das Verb „would be“ gesetzt und an das Verb „-ing“ gehängt.

Präsens: *„I play football.“*

Conditional I Progressive: „*I would be playing football.*“

**Weitere Beispiele:**

Beispiel: *„He would be making money.“*

Beispiel: *„He would be overtaking the car.“*

Beispiel: *„She would not be riding a horse.“*

**Fragen im Conditional I Progressive:**

Beispiel: *„Would he be screaming loud?"*

Beispiel: *„Would you be running fast?"*

Beispiel: *„Would you be selling it?"*

Beispiel: *„Would she be seeing the sun?"*

Auch im Conditional I Progressive gibt es keine konkreten Signalwörter.

# ZUKUNFT

## 1. Simple I Future (will)

Das Simple I Future (will) wird für die Vorhersage eines Ereignisses oder ein Versprechen verwendet.

Bei der Bildung verwendet man das Hilfsverb „will" und den Infinitiv des Verbes.

Präsens: „*I play football.*"

Simple I Future (will): „*I will play football.*"

**Weitere Beispiele:**

Beispiel: „*He will call her.*"

Beispiel: „*He will ride a motorcycle.*"

Beispiel: „*She will sing the song.*"

**Verneinte Sätze und Fragen im Simple I Future (going to):**

Beispiel: „*I am going to sing the song.*"

Beispiel: „*He is going to sleep well.*"

Beispiel: „*Are you going to wear the black jacket?*"

Beispiel: „*Is she going to win the game?*"

Im Simple I Future (going to) gibt es leider keine eindeutigen Signalwörter.

## 3. Future I Progressive

Das Future I Progressive wird für Handlungen, welche in der Zukunft sein werden und bereits begonnen haben verwendet.

Bei der Bildung verwendet man „will + be“ und den Infinitiv „+ing“ des Verbes.

Präsens: *„I play football.“*

Future I Progressive: *„I will be playing football.“*

**Weitere Beispiele:**

Beispiel: *„He will be swimming.“*

Beispiel: *„He will be taking some notes.“*

Beispiel: *„She will be dreaming tonight.“*

**Verneinte Sätze und Fragen im Future I Progressive:**

Beispiel: *„I will not be learning much."*

Beispiel: *„He will not be eating the steak."*

Beispiel: *„Will you be choosing the right one?"*

Beispiel: *„Will she be doing it?"*

**Signalwörter:**

- next week

- tomorrow

- in one year

## 4. Future Perfect Simple

Das Future Perfect Simple wird für Handlungen verwendet, welche zu einem zukünftigen Zeitpunkt abgeschlossen sein werden.

Bei der Bildung verwendet man „will have" und die Vergangenheitsform des Verbes.

Präsens: „*I play football.*"

Future Perfect Simple: „*I will have played football.*"

**Weitere Beispiele:**

Beispiel: „*He will have watched TV.*"

Beispiel: „*I will have eaten the cake.*"

Beispiel: „*She will have left the room.*"

**Verneinte Sätze und Fragen im Future Perfect Simple:**

Beispiel: „*I will not have cleaned my car.*“

Beispiel: „*He will not have flown away.*“

Beispiel: „*Will you have tried your best?*“

Beispiel: „*Will she have finished her work?*“

**Signalwörter:**

- until
- by the end oft he week
- by the end oft he month
- by then

## 5. Future Perfect Progressive

Das Future Perfect Progressive wird für Handlungen verwendet, welche zu einem bestimmten Zeitpunkt in der Zukunft abgeschlossen sein werden.
Die Betonung hierbei liegt auf dem Verlauf der Handlung.

Bei der Bildung verwendet man „will have been" und den Infinitiv „+ing" des Verbes.

Präsens: „*I play football.*"

Future Perfect Progressive: „*I will have been playing football.*"

**Weitere Beispiele:**

Beispiel: „*He will have been breaking the rules.*"

Beispiel: „*I will have been buying a gift.*"

Beispiel: „*She will have been catching a cold.*"

**Verneinte Sätze und Fragen im Future Perfect Progressive:**

Beispiel: *„I will not have been throwing the ball."*

Beispiel: *„He will not have been playing cards."*

Beispiel: *„Will you have been drinking the water?"*

Beispiel: *„Will she have been enjoying wellness?"*

**Signalwörter:**

- for
- the last couple of hours
- all day long

# VOKABELN FÜR EINE REISE

**Zu Beginn der Reise:**

Bahnhof → train station
Zug → train
Flughafen → airport
Flug → flight
Auto → car
Auto mieten → to rent a car
Toilette → toilet
Ankunft → arrival
Entschuldigung → excuse me
Können Sie mir helfen → Can you help me?
Ich suche… → I am looking for. . .
Danke → Thank you
Gepäck → luggage
Urlaub → vacation
Wochenende → weekend
Tag → day
Nacht → night
Verspätung → delay
Sicherheit → security
Polizei → police

**Auf dem Weg zur Unterkunft:**

| | |
|---|---|
| Unterkunft | → accomodation |
| Woche | → week |
| Hotel | → hotel |
| Jugendherberge | → youth hostel |
| gehen | → go |
| laufen | → walk |
| Taxi | → taxi |
| Bus | → bus |
| Straße | → street |
| geradeaus | → straight |
| links | → left |
| rechts | → right |
| Haus | → house |
| Eingang | → entry |
| Ausgang | → exit |
| Etage | → floor |

**Um einen Dialog zu führen:**

Hallo → hello
Wie geht's Dir? → How are you?
Mir geht's gut, Danke → I'm fine, Thank you
Wie heißt Du? → What's your name?
Mein Name ist Max → My name is Max
nett → nice
Das ist lustig → That's funny
Woher kommst Du? → Where are you from?
Ich komme aus Deutschland → I am from Germany
Ich arbeite → I am working
Ich studiere → I am studying
Ich gehe zur Schule → I'm going to school
Ich denke, (dass) → I think (that)
Meiner Meinung nach… → In my opinion…
Du hast Recht → You are right
Ich würde gerne… → I would like to…
Schön Dich kennenzulernen → Nice to meet you
Ich möchte trinken → I want to drink
Möchtest Du essen? → Do you like to eat?
Ich möchte essen → I want to eat
Lass uns nach Hause gehen → Let's go home
Ja → yes

| | |
|---|---|
| Nein | → no |
| Ich muss gehen | → I have to go |
| Schlaf gut | → sleep well |
| Tschüss | → Goodbye |
| Bis später | → See you later |
| Bis morgen | → See you tomorrow |

**Alles um das Essen:**

Hungrig → hungry
Restaurant → restaurant
Speisekarte → menu
bestellen → to order
Essen → food
essen → to eat
Flasche → bottle
Getränk → drink
Fleisch → meat
Gemüse → vegetables
Obst → fruit
heiß → hot
kalt → cold
Wasser → water
Apfelsaft → apple juice
Orangensaft → orange juice
Wein → wine
Bier → beer
vegetarisch → vegetarian
Kellner → waiter
Nachtisch → dessert
Rechnung → bill
Trinkgeld → tip

**Alles rund ums Geld:**

| | |
|---|---|
| bezahlen | → pay |
| kaufen | → buy |
| Wie viel kostet…? | → How much is…? |
| Geld | → money |
| Bargeld | → cash |
| Bankkarte | → credit card |
| Geldautomat | → cashpoint |
| Münzen | → coins |
| Geldscheine | → notes |
| Portemonnaie | → wallet |
| Preis | → price |
| Geld sparen | → save money |
| Geld ausgeben | → spend money |
| Taschengeld | → pocket money |
| billig | →cheap |
| teuer | → expensive |

**Die Farben:**

| | |
|---|---|
| weiß | → white |
| gelb | → yellow |
| rot | → red |
| silber | → silver |
| grau | → grey |
| grün | → green |
| violett | → purple |
| türkis | → aqua |
| blau | → blue |
| schwarz | → black |

**Bei einer Verletzung:**

| | |
|---|---|
| Arzt | → doctor |
| Hilfe | → help |
| Krankenhaus | → hospital |
| Schmerzen | → pain |
| Mir ist schlecht | → I feel sick |
| Übelkeit | → nausea |
| Mein … tut weh! | → My … hurts! |
| Kopf | → head |
| Brustkorb | → thoracic |
| Bein | → leg |
| Knie | → knee |
| Schulter | → shoulder |
| Fuß | → foot |
| Bauch | → stomach |
| Luft | → air |
| Medizin | → medicine |
| Zähne | → teeth |
| Mund | → mouth |
| Auge | → eyes |

**Für Freizeitaktivitäten:**

| | |
|---|---|
| Stadtzentrum | → city centre |
| Einkaufen | → shopping |
| Strand | → beach |
| Meer | → sea |
| schwimmen | → swimming |
| Eintrittskarte | → ticket |
| Kino | → cinema |
| Museum | → museum |
| Supermarkt | → supermarket |
| WLAN | → Wi-Fi |
| Radfahren | → cycle |
| Sport machen | → to do sports |
| Feiern gehen | → go partying |
| Fußball spielen | → play football |
| Basketball spielen | → play basketball |
| Sehenswürdigkeiten | → attraction |

**Die Zahlen:**

| | |
|---|---|
| 1 | → one |
| 2 | → two |
| 3 | → three |
| 4 | → four |
| 5 | → five |
| 6 | → six |
| 7 | → seven |
| 8 | → eight |
| 9 | → nine |
| 10 | → ten |
| 11 | → eleven |
| 12 | → twelve |
| 13 | → thirteen |
| 14 | → fourteen |
| 15 | → fifteen |
| 16 | → sixteen |
| 17 | → seventeen |
| 18 | → eighteen |
| 19 | → nineteen |
| 20 | → twenty |

| | |
|---|---|
| 21 | → twenty one |
| 22 | → twenty two |
| 23 | → twenty three |
| 24 | → twenty four |
| 25 | → twenty five |
| 26 | → twenty six |
| 27 | → twenty seven |
| 28 | → twenty eight |
| 29 | → twenty nine |
| 30 | → thirty |
| 31 | → thirty one |
| 32 | → thirty two |
| 33 | → thirty three |
| 34 | → thirty four |
| 35 | → thirty five |
| 40 | → forty |
| 45 | → forty five |
| 50 | → fifty |
| 55 | → fifty five |
| 60 | → sixty |
| 65 | → sixty five |
| 70 | → seventy |

| | |
|---|---|
| 75 | → seventy five |
| 80 | → eighty |
| 85 | → eighty five |
| 90 | → ninety |
| 95 | → ninety five |
| 100 | → one hundred |
| 150 | → one hundred fifty |
| 200 | → two hundred |
| 250 | → two hundred fifty |
| 300 | → three hundred |
| 400 | → four hundred |
| 500 | → five hundred |
| 600 | → six hundred |
| 700 | → seven hundred |
| 800 | → eight hundred |
| 900 | → nine hundred |
| 1000 | → one thousand |

## 1. Aufgaben zu Vokabeln

Match the English expressions with their German translation. The letters will form a solution!

| | |
|---|---|
| arrival | Sicherheit (L) |
| luggage | Ich würde gerne (O) |
| security | Gepäck (E) |
| accomodation | Etage (D) |
| floor | Ankunft (W) |
| I would like to | Unterkunft (L) |
| waiter | Trinkgeld (E) |
| tip | Kellner (N) |

**Solution:**

_ _ _ _  _ _ _ _

**Resolution:**

| | |
|---|---|
| arrival | Ankunft (W) |
| luggage | Gepäck (E) |
| security | Sicherheit (L) |
| accomodation | Unterkunft (L) |
| floor | Etage (D) |
| I would like to | Ich würde gerne (O) |
| waiter | Kellner (N) |
| tip | Trinkgeld (E) |

**Solution:**

WELL DONE

Match the English expressions with their German translation. The letters will form a solution!

| | |
|---|---|
| cheap | Geld (S) |
| entry | Flasche (N) |
| money | schwarz (I) |
| bottle | Eingang (E) |
| black | weiß (H) |
| expensive | teuer (G) |
| white | billig (L) |

**Solution:**

_ _ _ _ _ _ _

**Resolution:**

| | |
|---|---|
| white | weiß (E) |
| black | schwarz (N) |
| cheap | billig (G) |
| expensive | teuer (L) |
| money | Geld (I) |
| bottle | Flasche (S) |
| entry | Eingang (H) |

**Solution:**

ENGLISH

# KONTAKT

Kontakt: Daniel Stopfer

Eudorfer Weg 8a

36304 Alsfeld

Covergestaltung: Daniel Stopfer

Layout und Satz: Adam Winterspoon

# HAFTUNGSAUSSCHLUSS

Der Inhalt dieses Buches wurde mit großer Sorgfalt geprüft und erstellt. Für die Vollständigkeit, Richtigkeit und Aktualität der Inhalte kann jedoch keine Garantie oder Gewähr übernommen werden. Der Inhalt dieses Buches repräsentiert die persönliche Erfahrung und Meinung des Autors und dient nur dem Unterhaltungszweck. Der Inhalt sollte nicht mit medizinischer Hilfe verwechselt werden. Es wird keine juristische Verantwortung oder Haftung für Schäden übernommen, die durch kontraproduktive Ausübung oder durch Fehler des Lesers entstehen. Es kann auch keine Garantie für Erfolg übernommen werden. Der Autor übernimmt daher keine Verantwortung für das Nicht-Erreichen der im Buch beschriebenen Ziele.

Printed in Poland
by Amazon Fulfillment
Poland Sp. z o.o., Wrocław

54627999R00063